# Herramientas de la granja

**Teddy Borth**

www.capstoneclassroom.com

ABDO
EN LA GRANJA
Kids

Credits:
Spanish Translators: Maria Reyes-Wrede, Maria Puchol

Photo Credits: Shutterstock, Thinkstock, © valeriiaarnaud p.5 / Shutterstock.com

Production Contributors: Teddy Borth, Jennie Forsberg, Grace Hansen

Design Contributors: Candice Keimig, Laura Rask, Dorothy Toth

Library of Congress Cataloging-in-Publication Data
Cataloging-in-publication information is on file with the Library of Congress.

ISBN 978-1-4966-0449-1 (paperback)

Printed in the United States of America in North Mankato, Minnesota.
022015          008756

# Contenido

## Herramientas de la granja

Los granjeros hacen algunos trabajos a mano. Los granjeros usan herramientas para los trabajos pequeños.

4

## Arado

El arado prepara la tierra para sembrar. Puede ser tirado por caballos.

## Azada

Las azadas quitan la mala hierba. Las azadas se usan para sacar las papas de la tierra.

8

9

# Cepillo para caballo

Los granjeros cepillan los

caballos para limpiarlos.

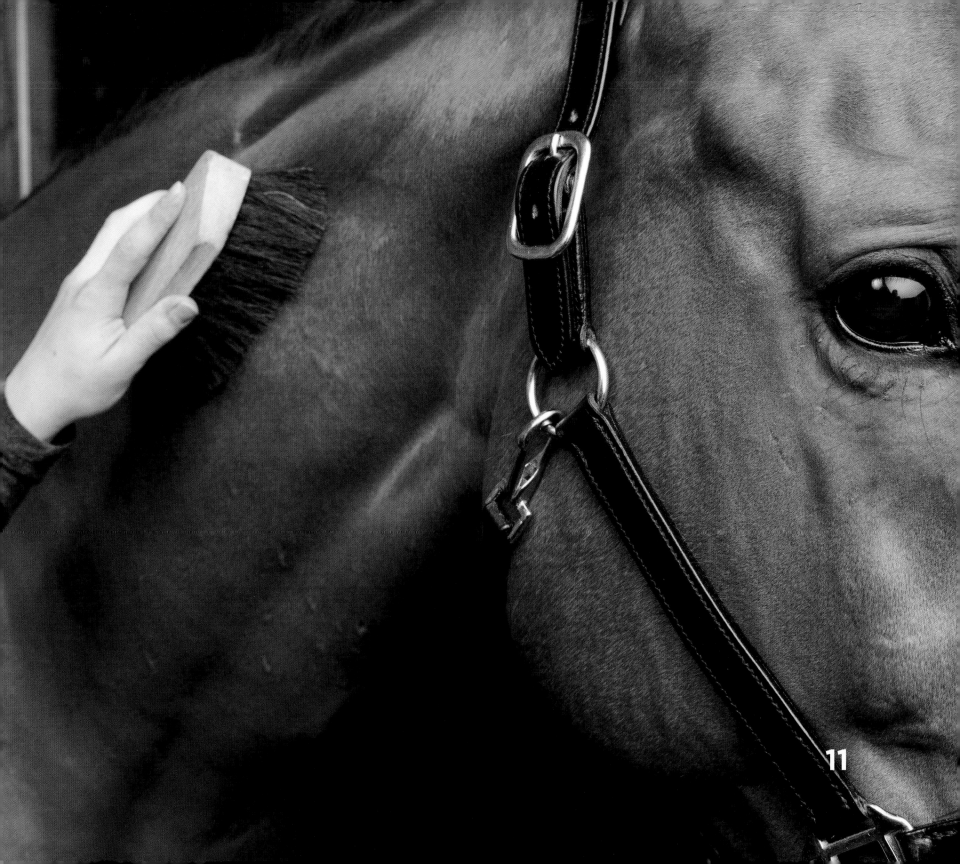

## Carretilla

Las carretillas son para
llevar cosas. La mayoría de
las carretillas tienen una rueda.

12

# Horquilla

Las horquillas se usan

para levantar heno y paja.

Tienen mangos largos.

## Rastrillo

Los rastrillos se usan para **recoger** heno y paja. Eso facilita la limpieza.

16

## Pala

Las palas se usan para hacer hoyos y para plantar.

18

## Tijeras de esquilar

Las tijeras de esquilar son tijeras grandes. Cortan la lana de los borregos.

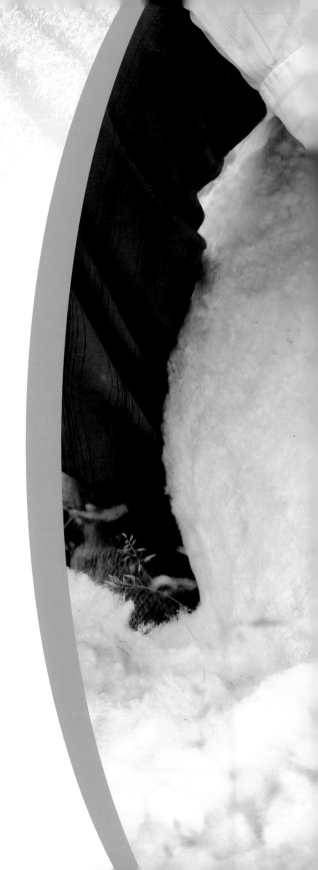

# Más datos

- En algunos lugares del mundo se usan búfalos para tirar de los arados.

- Se cree que la azada es la herramienta más antigua hecha por el hombre, después del palo para cavar. ¡Todavía se usan!

- La palabra rastrillo significa "arrastrar".

- Los esquiladores de borregos pueden esquilar a un borrego en menos de un minuto. El récord mundial es de 38 segundos.

# Glosario

**lana** – pelo suave y rizado de los borregos y otros animales.

**mala hierba** – planta silvestre no deseada.

**recoger** – buscar algo de diferentes lugares y juntarlo.

# Índice